灭火

萤火虫会发光

瞬间黏合剂

种树

入浴剂

光合作用

木炭燃烧

热蛋糕会膨胀

发酵

一次性的
暖宝宝

胃药

黑白照片
的底片

冷却袋

危险的混合

烫发

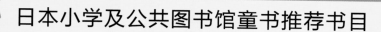
了不起的化学变化

[日]小森荣治　编著

李文欢　译

时代出版传媒股份有限公司
安徽科学技术出版社

[皖] 版贸登记号：12171714

图书在版编目（CIP）数据

了不起的化学变化 ／（日）小森荣治编著；李文欢译.
－－合肥：安徽科学技术出版社，2018.10
ISBN 978-7-5337-7225-3

Ⅰ. ①了… Ⅱ. ①小…②李… Ⅲ. ①化学-儿童读
物 Ⅳ. ①O6-49

中国版本图书馆 CIP 数据核字（2017）第 096568 号

KAGAKU HENKA NO HIMITSU
Copyright © 2016 PHP Institute，Inc.
First published in Japan in 2016 by PHP Institute，Inc.
Simplified Chinese translation rights arranged with PHP Institute，Inc.
through CREEK & RIVER CO.，LTD. and CREEK & RIVER
SHANGHAI CO.，Ltd.

了不起的化学变化

[日] 小森荣治 编著
李文欢 译

出 版 人：丁凌云　　选题策划：张 雯　　责任编辑：杨都欣
责任校对：沙 莹　　责任印制：李伦洲　　封面设计：武 迪
出版发行：时代出版传媒股份有限公司　http://www.press-mart.com
安徽科学技术出版社　http://www.ahstp.net
（合肥市政务文化新区翡翠路 1118 号出版传媒广场，邮编：230071）
电话：（0551）63533330
印　　制：合肥华云印务有限责任公司　电话：（0551）63418899
（如发现印装质量问题，影响阅读，请与印刷厂商联系调换）

开本：889×1194　1/16　　印张：4　　字数：100 千
版次：2018 年 10 月第 1 版　　2018 年 10 月第 1 次印刷

ISBN 978-7-5337-7225-3　　　　　　定价：45.00 元

我们身边的一切事物都是由原子组成的，包括空气、水、食物，甚至连我们自己都是由原子汇聚而成的。

原子是非常微小的颗粒，现在已经确定的原子有110多种。这些原子之间相互结合形成分子，进而构成各种物质。

原子结合方式发生的变化就是化学变化。物质燃烧是化学变化，我们吃下去的肉在胃肠里消化也是化学变化。现在身上所穿的衣服使用的化学纤维也是利用化学变化制成的。

学习了原子和分子的变化，我们就会发现，化学变化其实如同积木的重新组合。化学家的工作之一就是通过研究这些"积木"的重组来发明新的物质。

在本书编写过程中，以森田浩介为中心的物理化学研究所小组发明了新的原子，并获得了对该原子的命名权。这是第113种原子，它是利用人工方式在原子高速撞击过程中产生的。撞击实验每进行400兆次才会成功3次。

虽然元素周期表上列出了110多种原子，但是由欧美之外的国家发现或发明进而命名的原子实属首例。日本科学技术的高度发展正是研究人员努力的证明。

通过阅读本书，如果能让读者对原子、分子以及化学变化产生兴趣，进而希望从事与化学相关的工作，编者将不胜欣喜。

下面就让我们向着化学变化的世界出发吧！

小森荣治

作者简介

小森荣治

1956 年出生于日本埼玉县。1980 年东京大学大学院工学系研究科修士课程毕业。1987 年上越教育大学大学院教育研究科修士课程毕业（埼玉县长期派遣研修）。1980 年 4 月至 2008 年 3 月，于埼玉县某公立中学任教。以"理科就是感动"为口号，开展了独特的理科教室经营与理科教学。担任文部科学省、省立教育中心、民间教育研究团体等的委员、讲师。2008 年 4 月开始担任理科教育顾问。现在，除在埼玉大学负责理科教学指导之外，还开展保育园的科学游戏讲座以及面向教师的理科座谈会等，将理科的乐趣广泛传播到了全国。主要著作有《思考，总结，发表 简易实验理科素材》全 3 卷、《科学之窗》全 4 卷、《思考的力量 理科》全 4 卷（以上为光村教育图书）、《让孩子迷上理科的教学》（学艺未来出版社）等。

构成・编集・执笔　株式会社 梦社

普通图书、教育图书、绘本等的策划、编辑、出版，开展作文通信教育《嗡嗡坎多林》。绘本《哪只熊？》《商界女王》，出版单行本《轻松取胜！神奇作文术》《妙笔生花作文力》等，《小学生的谚语绘本事典》《一年级作文》《3~4 年级阅读理解能力》《小学生的"都道府县"学习事典》（以上为 PHP 研究所出版）等单行本的编辑、制作。

插图：田原知美
照片提供・协助者一览：鱼津水族馆，白滨花园，日本化学纤维协会

本书的特色与使用方法

第1章

第1章将介绍理解化学变化所必需的关于原子、分子的知识、符号以及公式等。

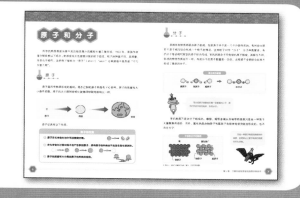

第2章

第2章分为三个部分,分别是"生活中的化学变化""被人们利用的化学变化""自然界中发生的化学变化",介绍我们身边的化学变化和现象。

生活中的化学变化

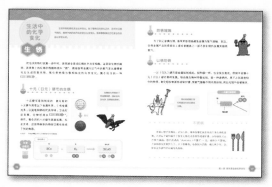

被人们利用的化学变化

自然界中发生的化学变化

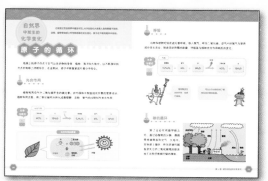

目录

第**1**章

了解引起化学变化的原子和分子

原子和分子 ……………………………………… 2

元素周期表 ……………………………………… 4

了解化学式 ……………………………………… 6

了解物质 ………………………………………… 8

什么是化学变化 ………………………………… 10

尝试建立化学方程式 …………………………… 12

专栏 化学变化与物理变化 …………………… 14

第2章

研究身边的化学变化

生活中的化学变化

生锈 ………………………………………………………………………… 16

燃烧 ………………………………………………………………………… 18

放热 ………………………………………………………………………… 20

吸热 ………………………………………………………………………… 22

去污 ………………………………………………………………………… 24

黏合 ………………………………………………………………………… 26

灭火 ………………………………………………………………………… 28

发泡 ………………………………………………………………………… 30

体内发生的化学变化 ……………………………………………… 32

发电 ………………………………………………………………………… 34

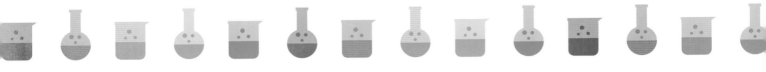

被人们利用的化学变化

印染 36

提炼金属 38

美发 40

摄影 42

发酵 44

培育植物 46

制造纤维 48

自然界中发生的化学变化

原子的循环 50

溶解 52

生物发光 54

第1章

了解引起化学变化的原子和分子

原 子 和 分 子

所有的物质都是由看不见的极其微小的颗粒大量汇聚而成。1803 年，英国学者道尔顿发表以下观点：物质是由无法继续分割的粒子组成，粒子的种类不同，其质量、性质也不相同。这些粒子被称为"原子"（atom）。"atom"在希腊语中意思是"不可分割之物"。

 原 子

原子是所有物质形成的基础。现在已知的原子种类有 110 多种。原子的质量和大小微乎其微，原子的大小跟网球相比就像网球跟地球相比一样。

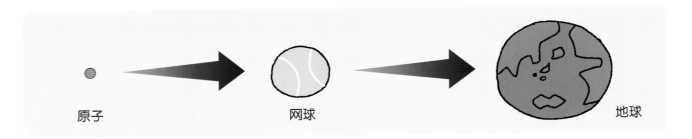

原子还具有以下性质。

原子的性质

❶ 原子在化学变化当中无法继续分割。

❷ 在化学变化过程中既不会产生新的原子，原有原子的种类也不会发生变化或消失。

❸ 原子的质量和大小是由原子的种类决定的。

分子

　　虽然所有物质都是由原子组成，但是原子并不是一个个分散存在的，有时会出现若干原子相互结合形成一个粒子的情况。这种粒子叫作"分子"。分子种类繁多，有的分子是由相同类型的原子结合而成，有的则是由不同类型的原子组成。其组合不同，形成的物质性质也不一样。构成分子的原子数量是一定的，这些原子全部结合起来才形成了稳定的分子。

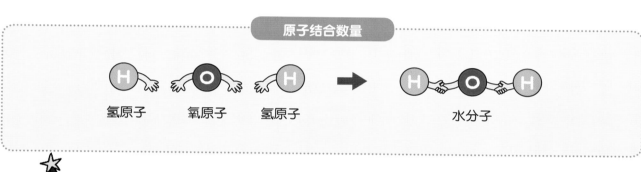

原子结合数量

氢原子　氧原子　氢原子 → 水分子

可以把原子想象成长着一定数量的小手，原子们手拉手结合起来，形成分子。

　　有的物质不是由分子组成的。像银、铜等金属以及碳等物质都只是由一种原子大量聚集而成的。另外，氯化钠是由钠原子和氯原子有规律地排列组合形成的，也不存在分子。

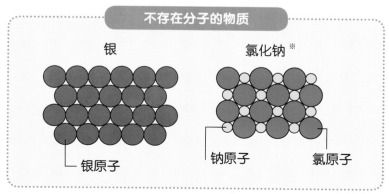

不存在分子的物质

银　　氯化钠※

银原子　　钠原子　　氯原子

只由一种原子构成的物质叫作单质，由两种以上原子构成的物质叫作化合物。

※ 实际上，钠原子和氯原子形成了离子 参考第9页

元素周期表

现在已知的原子种类有 110 多种。科学家们根据元素的原子结构和性质，把它们科学有序地排列起来，这样就得到了下面的"元素周期表"。

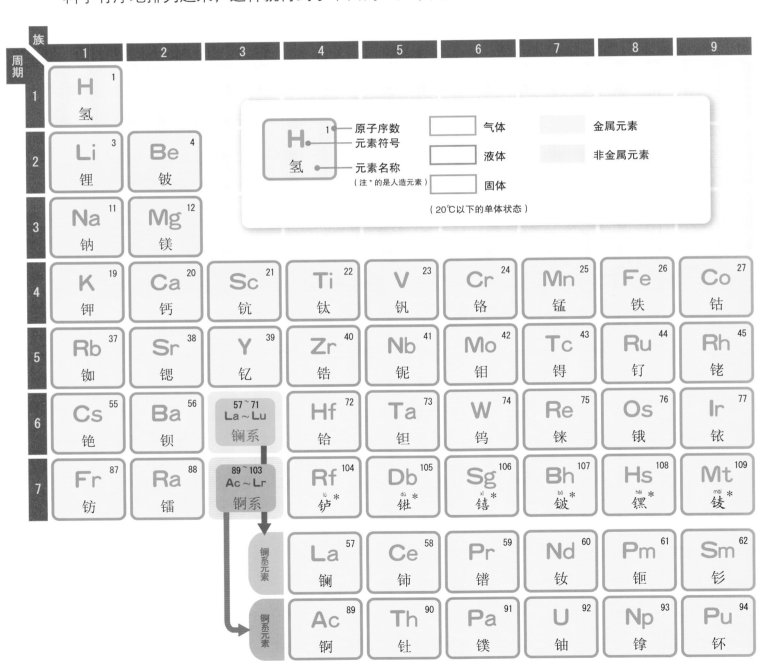

1869 年，俄罗斯的门捷列夫将性质相似的原子排在同一列制成了周期表，当时已经确定的原子种类只有 60 多种。他根据该表预测了当时尚未发现的原子性质，之后其预测被证实。

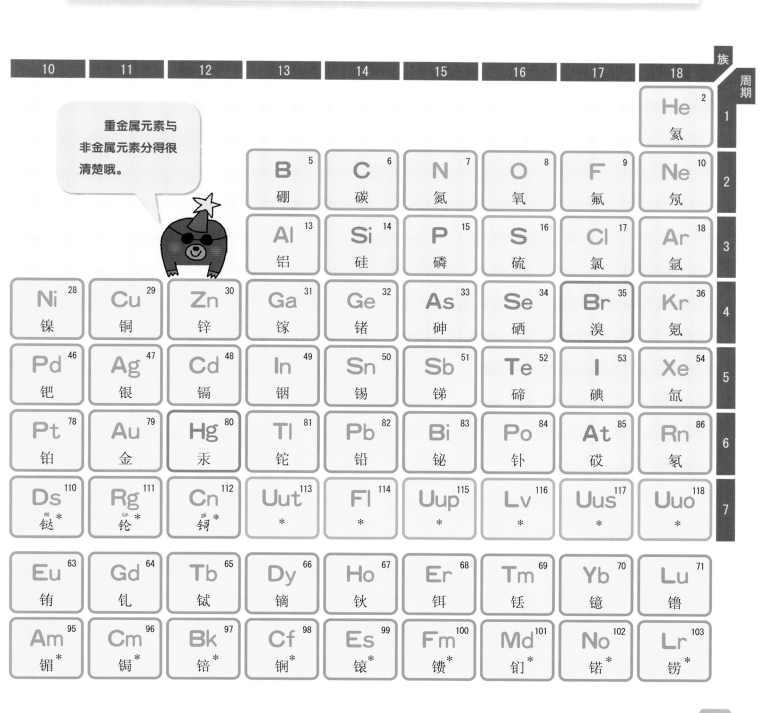

了解化学式

用元素符号来表示纯净物组成及原子个数的式子叫作"化学式"。我们身边的所有物质都是由原子组合而成 参见第 3 页，其中也包括结构非常复杂的分子。化学式用来表示反应物和生成物的组成，以及各物质间的量的关系。

 **分子**

来看一下表示分子的化学式。原子的种类和数量由元素符号和数字来表示。例如水分子是由 1 个氧原子和 2 个氢原子组成的，如下图所示。

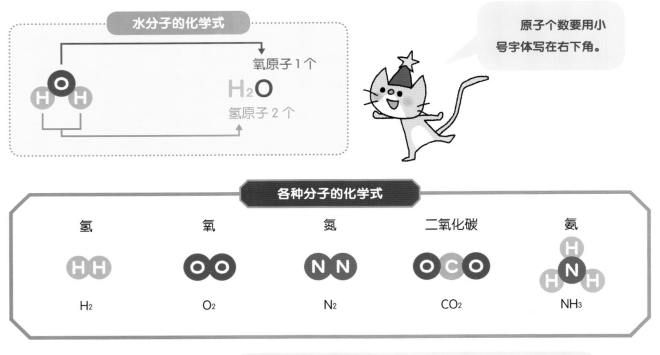

水分子的化学式

氧原子 1 个
H_2O
氢原子 2 个

原子个数要用小号字体写在右下角。

各种分子的化学式

氢	氧	氮	二氧化碳	氨
H_2	O_2	N_2	CO_2	NH_3

氢、氧与各自的原子名称是一样的。
进行区别的时候，可以分别叫作"氢原子"和"氢分子"。
二氧化碳是由 2 个氧原子和 1 个碳原子组成的。
许多情况下，根据分子的名称就可以推测出它由哪些元素组成。

金属与碳、硫

与分子不同，由 1 种原子聚集起来形成的金属、碳等物质 参见第 3 页➡️，这些物质只用一个元素符号就能表示。

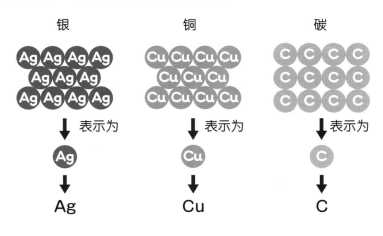

除此之外，铁用 Fe，钠用 Na，镁用 Mg，硫用 S 来表示。

无分子化合物

两种以上原子不结合成分子而是有规律地排列形成化合物 参见第 3 页➡️，这些化合物是通过原子比例来表示的。氯化钠就是钠原子和氯原子以 1∶1 的比例有序地排列组成，表示为 NaCl。

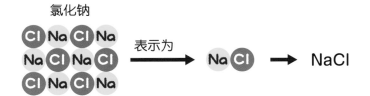

这些物质是由金属元素和非金属元素组成的。由于化学式从金属元素开始书写，所以这些化学式的中文名字与书写顺序是相反的。

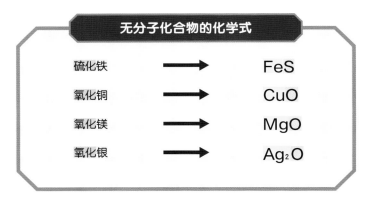

无分子化合物的化学式		
硫化铁	⟶	FeS
氧化铜	⟶	CuO
氧化镁	⟶	MgO
氧化银	⟶	Ag_2O

了 解 物 质

化学中根据组成物质的种类多少，物质分为混合物和纯净物；根据组成元素的种类多少，纯净物又分为单质和化合物。而且，原子之间的组合方式也不尽相同。

 单 质

单质是由同种元素的原子组成的纯净物，如氮、氧、溴、汞、铁、铜等。原子的种类决定了相互结合的原子数量参见第3页。一定数量的原子如果不与其他原子结合就会处于不稳定状态，因为原子总会试图找到其他原子并进行结合。

单质包括金属单质和非金属单质。

金属类元素比非金属类元素要多。构成单质的原子之间的组合是有限的。

周期表　　　　　　　金属　非金属

金属单质

在 110 多种原子当中，大约八成是金属原子。金属原子聚集起来形成的物质就是金属。金属单质具有以下三个特征。

① 金属光泽（例如金、银等独特的光泽）

② 电和热的优良导体

③ 受打击、拉伸后会伸长

遇到不确定属性的物质，研究一下这三个特征，就可以判断其是否为金属。

化合物

化合物是由不同元素组成的纯净物，有固定的组成和性质，如氧化镁、氯酸钾等。

原子的中心是原子核，原子核周围是带负电的电子。电子的数量根据原子种类而不同。

氯化钠是由氯原子与钠原子结合而成的。氯原子具有吸收一个电子的性质，而钠原子具有分离出一个电子的性质。钠原子分离出电子成为正离子，氯原子吸收电子成为负离子，正负电相互吸引从而结合到一起。

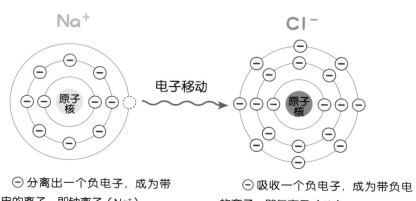

Na^+ 　电子移动 → Cl^-

⊖ 分离出一个负电子，成为带正电的离子，即钠离子（Na^+）

⊖ 吸收一个负电子，成为带负电的离子，即氯离子（Cl^-）

正负离子相互吸引从而结合起来。

什么是化学变化

物质经过加热，或者与其他物质发生反应，原有的物质消失，新的物质产生的变化就叫作"化学变化"。

固体变成液体，液体变成气体，这种变化只是状态的改变，物质的种类并没有发生变化，所以不是化学变化参见第14页。

分解 （ぶんかい）

一种物质变成两种以上物质的化学变化叫作"分解"。分解包括利用加热产生的热分解和通过电流产生的电分解。

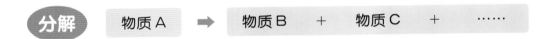

分解 物质A ➡ 物质B ＋ 物质C ＋ ……

比方说，用小苏打（碳酸氢钠）来制作松糕，面坯在平底锅里加热时会膨胀。这是由于小苏打遇热分解产生了二氧化碳，二氧化碳待在面坯里出不来从而使面坯发生膨胀。

碳酸氢钠 —热→ 碳酸钠 ＋ 水 ＋ 二氧化碳

原来的碳酸氢钠不见了，生成了另外三种物质。

把碳酸钠、水和二氧化碳加以冷却也变不回碳酸氢钠哦。

化 合

　　两种以上物质结合形成新物质的化学变化叫作"化合"，化合产生的物质叫作"化合物"。在化合当中，与氧发生的化合叫作"氧化"。氧化产生的物质叫作"氧化物"。

　　就像蜡、木头燃烧时一样，物质在发光、发热的同时剧烈氧化的过程叫作"燃烧"；而且与氧化相反，从物质当中夺取氧的过程叫作"还原"。

化合　　物质E　＋　物质F　＋　……　➡　物质G

　　厨房的煤气灶燃烧煤气产生火焰的过程也是燃烧。煤气灶使用的煤气种类根据地区而不同，其中之一就是甲烷。甲烷燃烧时产生二氧化碳和水，这两种产物都是气态的，眼睛是看不到的。

我们的身边不停地发生大量的化学变化啊。

甲烷　＋　氧气　➡　二氧化碳　＋　水

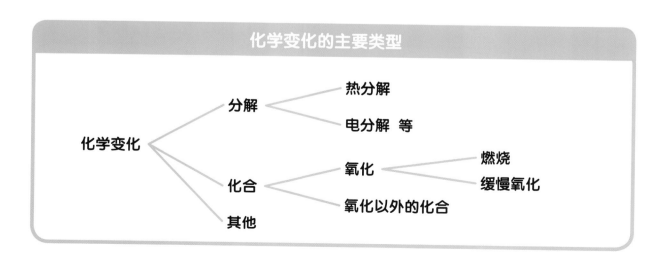

化学变化的主要类型

```
                                            热分解
                          分解
                                            电分解  等
        化学变化
                                                      燃烧
                                            氧化
                          化合                        缓慢氧化
                          其他              氧化以外的化合
```

尝试建立化学方程式

利用化学式表示化学反应的式子叫作"化学方程式"。化学变化前的物质写在"→"的左边，变化后的物质写在"→"的右边※。

※ 实际的化学变化是多种物质之间发生的复杂变化，本书涉及的化学变化有的省略了中间步骤，只列出具有代表性的化学方程式。

化学方程式

化学变化前的物质→化学变化后的物质

像上面这样，化学方程式要写明由何种物质产生了何种物质。以碳燃烧时发生的化学变化为例，来看一下化学方程式的书写格式。燃烧时，碳与氧结合发生氧化，生成二氧化碳。化学变化前的碳和氧写在箭头的左边，化学变化后的二氧化碳写在箭头的右边。

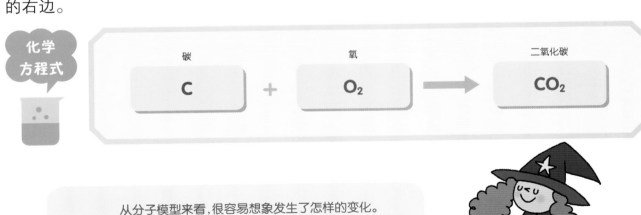

化学
方程式

碳		氧		二氧化碳
C	+	O_2	→	CO_2

从分子模型来看，很容易想象发生了怎样的变化。

$$C + O_2 \rightarrow CO_2$$

质量守恒定律

　　书写化学方程式的时候，有一点必须注意，那就是化学变化前后的原子数量。在化学变化前后，每种原子的数量必须保持一致。例如，用化学方程式来表示水的电解，如果只把分子一个一个列出来，就会使得化学变化前后的氧原子数量不一致，为了达到一致，必须对分子的数量进行调整。

　　在化学变化前后，不会发生原有原子消失或者产生新原子的现象。因此，参与化学变化的物质其整体质量不会发生改变。这就叫作"质量守恒定律"。

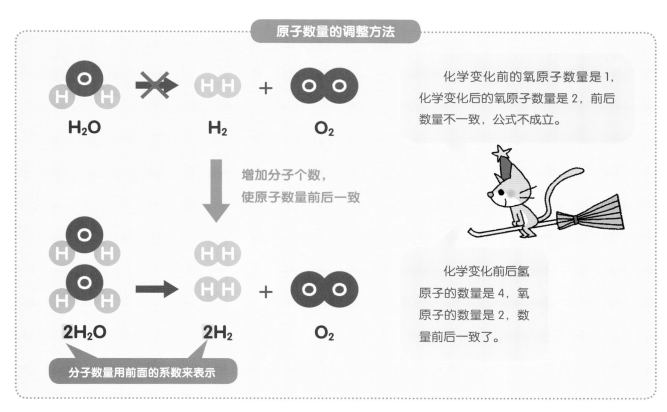

原子数量的调整方法

H₂O $\xmapsto{\;\;×\;\;}$ H₂ + O₂

化学变化前的氧原子数量是1，化学变化后的氧原子数量是2，前后数量不一致，公式不成立。

增加分子个数，使原子数量前后一致

2H₂O → 2H₂ + O₂

化学变化前后氢原子的数量是4，氧原子的数量是2，数量前后一致了。

分子数量用前面的系数来表示

化学方程式通过以下格式来书写。
① 确认化学变化前与变化后的物质
② 物质以化学式的形式写在"→"的左右
③ 确认原子的数量保持前后一致

化学变化与物理变化

　　根据温度不同，物质具有固体、液体、气体三种状态。分子性物质、金属性物质以及离子性物质也不例外。以分子性物质为例，分子之间在相互吸引的同时也在进行着运动，这种运动叫作分子运动。温度越高，分子运动就越活跃。固体状态下的分子运动相当于在同一位置上左右摇摆，随着温度的升高，各个分子在相互吸引的同时开始自由运动，这就成为液体状态。如果温度继续升高的话，分子就会一个一个分离四散，这就是气体状态。这种变化叫作物质"状态的变化"。在状态变化当中，物质本身不发生改变。因此，仅状态变化或者像物质溶于水的变化叫作"物理变化"。

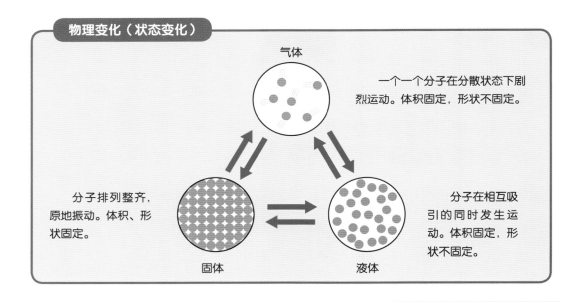

物理变化（状态变化）

气体
一个一个分子在分散状态下剧烈运动。体积固定，形状不固定。

分子排列整齐，原地振动。体积、形状固定。

分子在相互吸引的同时发生运动。体积固定，形状不固定。

固体　　　　液体

化学变化

物质 A　　　物质 B　　　物质 C

物质种类是否发生变化是物理变化与化学变化的区别所在。

第2章

研究身边的化学变化

生活中的化学变化

生活中到处都在发生化学变化。除了看得见的变化之外，在平时注意不到的、意想不到的地方也在发生化学变化。就来看看身边正在发生的这些化学变化吧。

生 锈

把沾水的铁钉放置一段时间，表面就会变成红褐色并且变粗糙，这是铁生锈的缘故。其表面上的红褐色粗糙物质叫"锈"。锈是铁等金属与空气中的氧气发生缓慢氧化后生成的氧化物。氧化是物质与氧相结合的化学变化，属于化合的一种 参见第 11 页 。

十元（日元）硬币的生锈

十元硬币是铜制成的。氧化前的十元硬币具有以下金属性质：①有金属光泽；②是电和热的优良导体；③击打后延展，拉伸后延长 参见第 9 页 ※。然而，氧化后的十元硬币表面发黑，失去光泽。这说明表面的铜经过氧化变成了别的物质。

金属氧化后就成了非金属物质，因此会失去光泽，变得疏松易碎。

※ 实际上，日本法律禁止对十日元硬币进行击打或拉伸。

化学方程式

铜的氧化

铜		氧		氧化铜
2Cu	+	**O₂**	→	**2CuO**

防锈措施

为了防止金属生锈，通常采取措施避免金属与氧气接触。因此，会将金属产品的表面涂上漆或者覆盖上一层不易生锈的金属来隔绝氧气。

以锈防锈

一元（日元）硬币是金属铝制成的。铝和铜一样，也会发生氧化，但却不会像十元（日元）硬币那样变黑。铝的氧化物叫作氧化铝，是一种透明的，原子之间紧密结合的物质。氧化铝在表面形成保护膜，使氧气接触不到内部的铝，因此内部不会被氧化。

氧化铝还是红宝石和蓝宝石的主要成分哦。

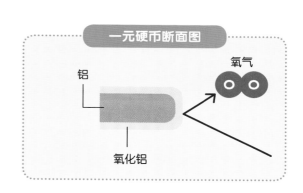

一元硬币断面图

铝

氧气

氧化铝

不锈钢

容易生锈的金属铁，在加入铬、镍等金属后就会变成不易生锈的金属。这是由于铬和镍先于铁发生氧化在表面形成保护膜，从而使铁无法与氧气接触。借用英语的"stainless（不锈）"一词，被称为不锈钢。不锈钢被用来制作勺子、叉子等餐具。根据加入的铬、镍比例不同，还能制成有磁性和无磁性的物质。

燃烧

点燃厨房的煤气灶，煤气产生火焰燃烧起来以及篝火晚会上点燃柴火发生的化学变化都属于"燃烧"。燃烧是氧化 参见第 11 页 的一种，是物质在发光、发热的同时与氧气发生的剧烈反应。燃烧需要满足以下三个条件，缺少任何一个条件，物质都不会燃烧。

① 可燃物　　　　**②** 氧气　　　　**③** 高温

碳的燃烧

黑炭燃烧过后，只会剩下少量灰烬。碳元素作为碳的主要成分与氧气发生反应，之后生成二氧化碳。由于二氧化碳是气体，进入空气中就看不见了。碳中所含的少量钙、钾、镁等矿物质成为氧化物，作为灰烬残留下来。

化学方程式

碳的燃烧

碳		氧		二氧化碳
C	+	O_2	→	CO_2

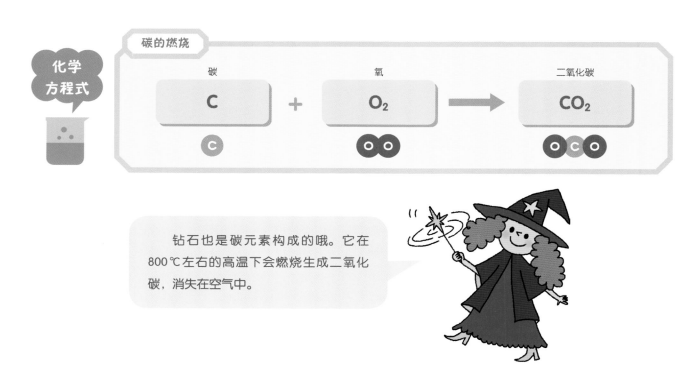

钻石也是碳元素构成的哦。它在 800℃左右的高温下会燃烧生成二氧化碳，消失在空气中。

不完全燃烧

　　碳发生氧化的时候，如果氧气不足就会产生一氧化碳，这叫作"不完全燃烧"。一氧化碳是一种有害物质，因此在室内等封闭空间使用煤气炉或石油暖炉的时候，为了防止空气中缺少氧气，需要频繁换气。

焰火的颜色

　　将金属或金属化合物放入火焰中灼烧，有时火焰会呈现颜色。这一现象是金属将加热后获得的能量释放出来的结果。其颜色由金属种类来决定，这种现象叫作"焰色反应"。焰火就是利用了焰色反应，通过在原材料中加入金属从而产生色彩斑斓的火焰。

金属种类与火焰颜色

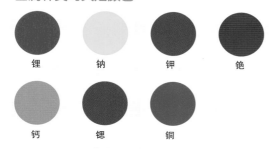

锂　　钠　　钾　　铯

钙　　锶　　铜

　　在烟花筒中加入混合了金属成分的火药，火药点燃时就会产生色彩斑斓的火焰。

放热

在化学变化进行的同时产生热量的反应叫作"放热反应"。这种现象是由于化学变化后的物质能量小于变化前的能量，前后的能量差以热能形式释放出来的结果。作为化学变化的副产物，放热在生活中得到了应用。

 暖宝宝

打开外袋，暖宝宝就会发热。暖宝宝的主要成分是铁粉，它利用了铁与空气中氧气结合生成氧化铁的同时产生热量的化学变化。为了催化铁与氧气发生反应，暖宝宝当中还加入了浸泡过活性炭等物质的食盐水。当铁粉全部变成氧化铁之后，就不再发生以上化学变化，也就不再释放热量。

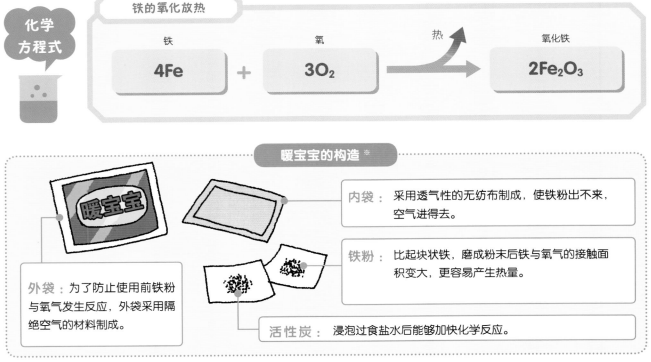

化学方程式

铁的氧化放热

铁		氧	热	氧化铁
4Fe	+	3O₂	→	2Fe₂O₃

暖宝宝的构造※

内袋：采用透气性的无纺布制成，使铁粉出不来，空气进得去。

铁粉：比起块状铁，磨成粉末后铁与氧气的接触面积变大，更容易产生热量。

外袋：为了防止使用前铁粉与氧气发生反应，外袋采用隔绝空气的材料制成。

活性炭：浸泡过食盐水后能够加快化学反应。

※ 作为商品出售的暖宝宝构造各不相同。

车站便当

在车站购买的便当或真空包装食品当中，有的你一扯动容器中伸出的拉绳就会释放热量，将容器中的食物加热。这是利用了氧化钙与水的反应，生成氢氧化钙时会释放热量。原理是将氧化钙与水分别放置，扯动拉绳之后两种物质之间的阻隔消失，从而发生化学反应、释放热量。

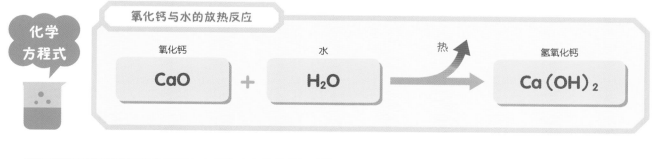

化学方程式

氧化钙与水的放热反应

| 氧化钙 | | 水 | 热 | 氢氧化钙 |

$$CaO + H_2O \longrightarrow Ca(OH)_2$$

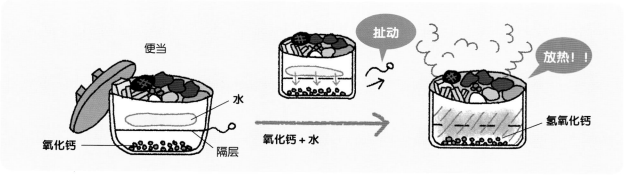

氧化钙也作为点心等的干燥剂来使用。然而，由于氧化钙与水反应释放热量，所以干燥剂不能直接与水接触，不然会烫伤人。

干燥剂的成分不光是氧化钙，要注意不能食用哦。

吸热

发生化学变化时吸收热量的反应叫作"吸热反应"。这种现象与放热反应 参见第20页 正好相反，从能量小的物质变成能量大的物质时，缺少的能量需要从外界来吸收。

简易冷却袋

为了对抗夏季炎热，在家里可以制作简单的冷却装置。将清洁用的小苏打（碳酸氢钠）和柠檬酸放入塑料袋中，加水摇晃，碳酸氢钠就会与柠檬酸发生化学变化，产生吸热反应。

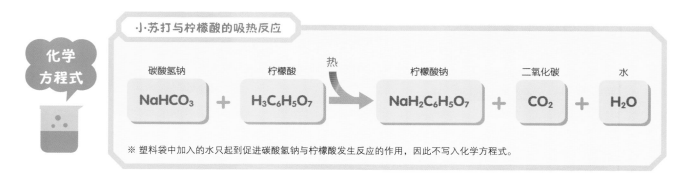

化学方程式

小苏打与柠檬酸的吸热反应

碳酸氢钠		柠檬酸	热	柠檬酸钠		二氧化碳		水
$NaHCO_3$	+	$H_3C_6H_5O_7$	→	$NaH_2C_6H_5O_7$	+	CO_2	+	H_2O

※ 塑料袋中加入的水只起到促进碳酸氢钠与柠檬酸发生反应的作用，因此不写入化学方程式。

市场上出售的简易冷却袋当中，有一种是击打袋子就会立即冷却的。这种冷却袋里面装有硝酸铵粉末和水。粉末装在外袋，水盛在内袋，击打后内袋破裂，粉末溶于水中。虽然这并不是化学变化，但是利用了硝酸铵在水中溶解时吸收热量的原理。

化学能量

物质原有的能量叫作"化学能量"。化学变化前后，物质之间的能量差通过吸热或放热反应以热能的形式进出。

碳燃烧时释放热量，温度升高。这时发生的是碳与氧气结合生成二氧化碳的化学反应。

化学能量可以用下图来表示。碳与氧气的化学能量之和要大于二氧化碳的能量。前后之间的能量差以热能的形式释放出来，故而发热。

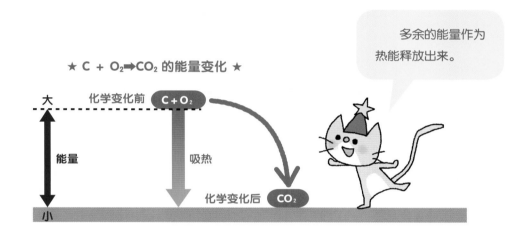

★ C + O₂ ➡ CO₂ 的能量变化 ★

多余的能量作为热能释放出来。

简易冷却袋的原理是，化学变化前的化学能量总和要低于化学变化后的能量总和。这时，必须从外界获取能量，因此发生吸热反应。

只有吸收了周围的热能，化学变化才会发生哦。

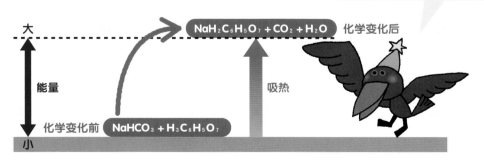

★简易冷却袋的能量变化 ※ ★

※ 在简易冷却袋的变化中，中途也发生放热反应，但是从化学反应整体来看属于吸热反应。

去 污

去除污垢的洗涤剂也利用了化学的力量。家用洗涤剂根据目的和使用场所的不同有许多种类，需要根据污垢的成分选择适合的洗涤剂。

去除油污

衣物、餐具容易沾上油污。去除衣物、餐具上污渍用的洗涤剂，以及清洁身体用的洗涤剂都含有"表面活性剂"这种成分。油具有憎水性，与水接触后不会溶解。表面活性剂的分子由两部分组成，一部分溶于水（亲水基），另一部分像油一样不溶于水（疏水基）。

水中加入洗涤剂后，亲水基溶解于水，疏水基游离在外。于是，水中的油污被疏水基吸附。洗涤剂将油污包围，使其整个脱离衣物或餐具，这就是去污原理。

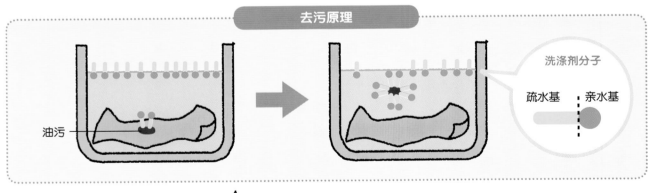

去污原理

油污

洗涤剂分子

疏水基　亲水基

正因为洗涤剂是由与水亲和以及与油亲和的两部分组成，所以才能顺利清除污渍。

混合危险

家用漂白剂以及厕所用洗涤剂等商品，有的在包装上会标明"混合危险"的字样。例如，家用含氯漂白剂中如果混入清洁厕所的酸性洗涤剂就会生成氯气，这是非常危险的。氯气是剧毒性气体，如果在厨房、浴室等狭小的封闭空间里不断吸入氯气，人就会发生生命危险。

　　家用含氯漂白剂大多含有次氯酸钠，次氯酸钠当中加入盐酸等酸性物质会发生化学变化，产生氯气。家庭中与漂白剂一起使用的洗涤剂大多是中性的，没有危险。然而，去除厕所的碱性污渍需要使用酸性洗涤剂，因此厕所用洗涤剂大多含有盐酸，要注意不能与含氯漂白剂混合使用。

化学方程式

产生氯气的危险反应

次氯酸钠		盐酸		氯化钠		水		氯气
NaClO	+	2HCl	→	NaCl	+	H_2O	+	Cl_2

危险

家庭当中也有危险物品。要认清成分表示和注意事项后正确使用哦。

产生氯气

醋也是酸性物质，所以不能跟含氯漂白剂混合哦。

含氯漂白剂
漂白 +
厕所用酸性洗涤剂
危险

黏合

　　根据被黏物种类不同，黏合剂的构造多种多样。其中之一是通过黏合剂深入物体表面来完成。仔细观察就会发现，所有物体的表面都是凹凸不平的。把黏合剂涂在2个物体表面然后贴合起来，黏合剂进入物体表面的凹凸后凝固，2个物体就黏在一起了。

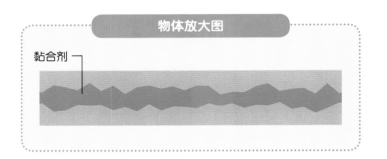

物体放大图

黏合剂

（黏合剂）进入凹凸凝固后就分不开了。

瞬间黏合剂

　　普通胶水当中的水溶性淀粉或聚乙烯缩醛进入凹凸后，通过水分蒸发而凝固。然而，瞬间黏合剂却通过吸收空气中的水分来凝固。容器中的大量黏合剂分子以单体形式存在，离开容器后与空气中的水分发生反应，分子之间相继结合。成千上万个分子结合形成大的化合物（高分子化）从而凝固。单体状态下的分子像液体一样容易进入缝隙，随着变化的进行，分子逐渐凝固，从而发挥黏合作用。

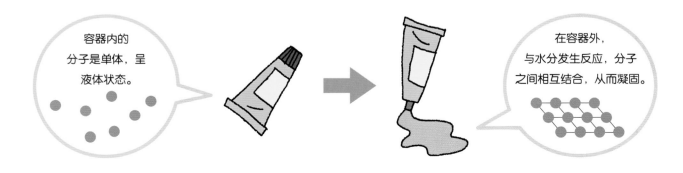

容器内的分子是单体，呈液体状态。

在容器外，与水分发生反应，分子之间相互结合，从而凝固。

高分子

所谓高分子，是通过若干基本分子（单体）相互结合，从而形成大的链条状或网眼状结构，这种结合而成的化合物就叫作高分子化合物（聚合物）。如果把单体想象为一枚曲别针，那么聚合物就是成百上千枚曲别针结合起来形成的物质。数量越多，彼此间的结合就越紧密。

单体　　　　　　　　　　　　　　　聚合物

高分子化

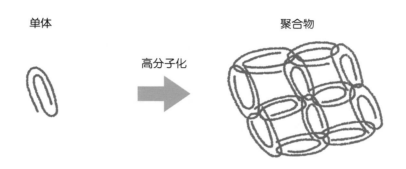

瞬间黏合剂以下图的 [ ] 部分为基础，这些结构不断重复结合。通过这种方式形成结合紧密的物质，从而将 2 个物体黏合。

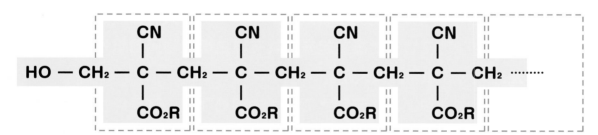

结合越紧密，黏合力就越强。

建筑物以及河坝等处使用的混凝土也是利用了与黏合剂类似的原理，通过与水分发生反应实现凝固。

灭 火

物质燃烧需要以下三要素 参见第 18 页 。

1 可燃物　　　**2 氧气**　　　**3 高温**

这些要素缺少任何一个，燃烧的火焰就会熄灭。根据燃烧物的不同，使用的灭火物质也不一样。

油火

灭火时使用的物质叫作灭火剂。水就是灭火剂之一。水具有强烈的冷却作用，在降低燃烧所需温度的同时将燃烧物覆盖起来，具有隔绝燃烧物周围氧气的效果。由于较方便获得，是过去一直使用的灭火剂。

然而，如果把水泼到油上，水沸腾之后会使油四处飞溅，有可能扩大火势。厨房用油起火时，碳酸钾是有效的灭火剂。碳酸钾与食用油发生反应，把油的表面变成无法燃烧的钾盐，使氧气接触不到油，从而达到灭火的目的。

食用油变成钾盐时，减少了以下燃烧要素：
①可燃物
②氧气

各种灭火剂

灭火剂分为许多种。其中，泡沫灭火剂通过碳酸氢钠和硫酸铝发生反应，产生含有二氧化碳的泡沫，这些泡沫在降低燃烧物温度的同时，还具有隔绝周围氧气的效果。但是，泡沫灭火剂遇到电火会有触电的危险，因此不能使用。

另外还有煤气灭火剂，通过喷出二氧化碳来降低氧气浓度。煤气灭火剂虽然对于油火和电火同样有效，但是使用者吸入过多二氧化碳会有危险，因此不能在地下室等封闭空间使用。

火灾分为普通火灾、油火、电火。我们身边的灭火器大多是适用于所有火灾的干粉灭火器。

日本江户时代的灭火

在木造房屋随处可见的江户时代，火灾会给人们带来重大损失，是一种很严重的灾害。当时并没有现如今的灭火技术，通常采用的灭火方法是，在辨别风向的同时将尚未燃烧的房屋摧毁，以此来控制火势。其原理是通过减少物质燃烧的要素之一，即"可燃物"，等待火势自然熄灭。

如果不减少物质燃烧三要素的其中之一，火是很难熄灭的。

发 泡

加工食物利用了各种化学变化。松糕、馒头、面包之所以松软，是因为面坯之间充满了气体。在加工过程中发生了化学变化，气体产生或者膨胀。产生气体的化学变化在生活的方方面面发挥着作用。

发酵粉

小苏打受热分解生成二氧化碳，松糕就膨胀起来参见第 10 页。然而，此时的化学变化却存在问题，那就是生成的碳酸钠味道苦涩，而且二氧化碳的含量又不足以使面坯蓬松起来。因此，加工中普遍使用的是发酵粉，通过在小苏打中加入酸性物质来调节二氧化碳的生成量以及口感。

为了将化学变化更好地用于生活当中，人类真是下了不少功夫啊。

化学方程式

利用小苏打进行发泡

		苦涩		量少
碳酸氢钠（小苏打）		碳酸钠	水	二氧化碳
$2NaHCO_3$	$\rightarrow$	Na_2CO_3	$+$ H_2O	$+$ CO_2
2 个分子				

利用发酵粉进行发泡

	加入酸	生成盐		量多
碳酸氢钠	盐酸※	氯化钠	水	二氧化碳
$NaHCO_3$	$+$ HCl	$\rightarrow$ $NaCl$	$+$ H_2O	$+$ CO_2
1 个分子就足够				

※ 虽然化学公式列出了作为酸性物质之一的盐酸，但是发酵粉中并不含有盐酸，而是使用酒石酸或富马酸等物质。

各种发泡方法

除了使用小苏打以外，还有别的方法使点心、面包等变得蓬松。例如，松糕就是在加工过程中将油、砂糖、鸡蛋等打出泡沫，使面坯中混入大量小气泡，然后通过加热面坯使其中的气泡膨胀来达到蓬松的目的。

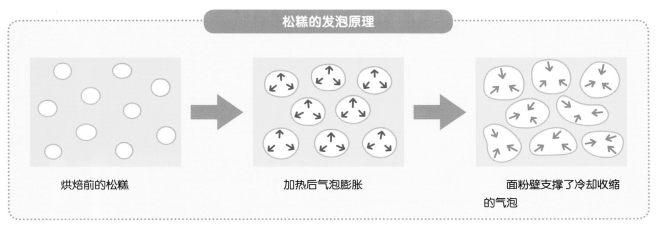

松糕的发泡原理

烘焙前的松糕

加热后气泡膨胀

面粉壁支撑了冷却收缩的气泡

将食材混合进行发泡的时候，如果能够很好地打出气泡，就会有不错的蓬松效果。

入浴剂

小苏打也作为泡澡时的入浴剂来使用，入浴剂产生气泡时发生了与发酵粉同样的化学变化。这类入浴剂含有小苏打、琥珀酸、富马酸等酸类物质。由于琥珀酸和富马酸在固体状态下不发生变化，溶于水后呈酸性，因此放入浴缸后会产生含有二氧化碳的气泡。

体内发生的 化学变化

我们人类通过吃东西来获取活动所需的能量，并维持身体结构。将食物消化并转变成所需成分的过程也是通过化学变化来实现的。我们的身体当中不断发生着化学变化。

 消化

食物要在体内发生化学变化，消化酶是必不可少的。消化酶有助于将大的食物分子分解成能被小肠吸收的小分子。消化酶的种类决定了所能催化的化学变化。消化酶在各个脏器内待命，帮助分解相应的物质。

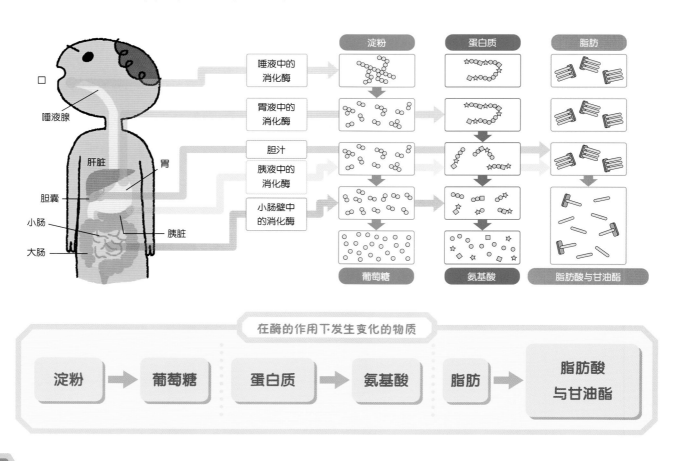

胃药

人的胃每天分泌 2~3 升的胃液，胃液中的酶用来消化食物中的蛋白质。虽然胃液的主要成分是水，但是其中含有 0.5% 的盐酸，因此呈弱酸性。这种酸具有杀菌作用。

通常来说，为了防止胃的内部不被胃液消化，会有一层保护表面的胃黏膜。然而，当身体状况不佳，胃黏膜保护功能减弱的时候，胃的内部就可能被胃液消化。在这种情况下要靠胃药来帮助胃功能恢复正常。胃药的成分包括恢复胃功能的黏膜保护剂、提高消化功能的消化剂，以及中和盐酸的碱性抗酸剂。抗酸剂中含有溶于水后呈碱性的碳酸氢钠或碳酸镁成分。

化学方程式

胃药的中和作用

盐酸（胃液）　　碳酸镁　　　　　　氯化镁　　　水　　　二氧化碳

$$2HCl + MgCO_3 \rightarrow MgCl_2 + H_2O + CO_2$$

酸性　　　酸性

胃酸是一种连金属都能溶解的强酸。因为胃表面黏膜的存在，胃本身才不会被溶解。

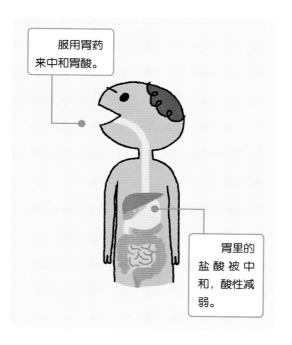

服用胃药来中和胃酸。

胃里的盐酸被中和，酸性减弱。

酸性物质与碱性物质相互抵消对方性质的作用叫作中和。

发电

电池分为化学电池和物理电池两大类。物理电池不经过化学变化直接将光能转化成电能，例如计算机使用的太阳能电池；化学电池则是通过化学变化将物质所含的能量以电能形式提取出来。

伏打电池

现在使用的化学电池最初是在通电的溶液中插入两种不同的金属，这叫作"伏打电池"。伏打电池是在硫酸溶液（电解液）中插入亚铅和铜。不同金属释放的电子能量 参见第9页 有强弱之分，电子由强向弱发生移动。伏打电池就是利用了亚铅释放电子时产生的电能。

除了伏打电池以外，像"丹聂尔电池"等过去的电池种类使用的是液体，所以存在液体泄漏、冬天液体冻结的问题，保养起来比较麻烦。

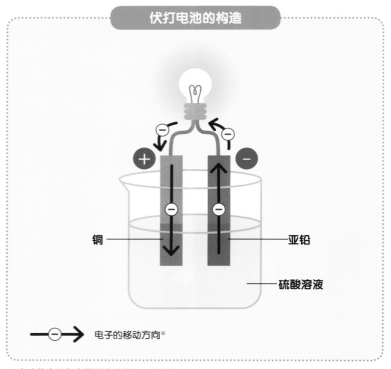

伏打电池的构造

铜

亚铅

硫酸溶液

⊖ → 电子的移动方向※

※ 电流的走向与电子的移动方向正好相反。

干电池

继伏打电池、"丹聂尔"电池之后，将液体密封后进行携带的"干电池"问世。相对于之前可能发生液体泄漏的电池，这种电池由于外围干燥，所以被称为干电池。然而，干电池并不完全是干燥的，只是将液体成分密封在容器中以防止泄漏，目的是为了在钟表等机械中可以广泛利用。

干电池种类繁多，历史悠久，世界上使用最广泛的电池是锰干电池。这种电池稍微放置一段时间能量就会恢复，适用于手电筒以及耗电量小的座钟等。

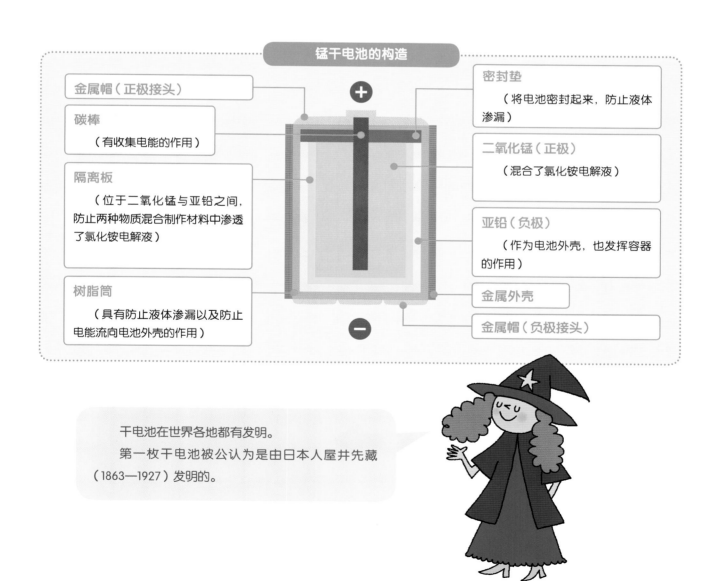

锰干电池的构造

金属帽（正极接头）

碳棒
（有收集电能的作用）

隔离板
（位于二氧化锰与亚铅之间，防止两种物质混合制作材料中渗透了氯化铵电解液）

树脂筒
（具有防止液体渗漏以及防止电能流向电池外壳的作用）

密封垫
（将电池密封起来，防止液体渗漏）

二氧化锰（正极）
（混合了氯化铵电解液）

亚铅（负极）
（作为电池外壳，也发挥容器的作用）

金属外壳

金属帽（负极接头）

干电池在世界各地都有发明。
第一枚干电池被公认为是由日本人屋井先藏（1863—1927）发明的。

被人们利用的化学变化

印染

社会的各个场所都在利用化学变化进行产品制造。在缺乏化学变化相关知识的古代，人们在无意中利用化学变化的原理进行着产品制造或加工。

将用作衣服、毛巾、窗帘等的布料染上颜色的过程也用到了化学变化。印染纤维（染色）不光是使纤维着色，染过一次的纤维即使与水接触，颜色也不会脱落。

染色

染色根据染料以及需要着色的纤维种类不同有各种方法，一般来说按照以下顺序进行：①将染料用水或溶液溶化；②将染料与纤维接触；③将染料和水过滤。

通过采用化学方式，可以染出各种各样的颜色。例如，在过程①中如果使用的染料难溶于水，需要加入其他物质帮助溶解；在过程②中如果使用的染料难以被纤维吸附，则需要加入促进吸附的物质等。

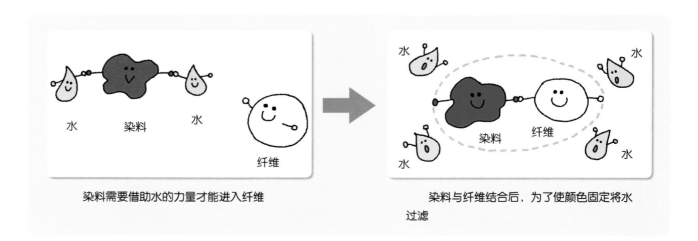

染料需要借助水的力量才能进入纤维　　　　　　　　染料与纤维结合后，为了使颜色固定将水过滤

红花染

有种染色方法使用了红花花瓣中所含的红色素，这种红色素叫作红花甙。该方法利用了红花甙易溶于碱性溶液的性质以及酸碱中和作用。首先，将红花花瓣放入碳酸钾等碱性溶液中使红花甙溶解。然后，加入柠檬酸等酸性物质进行中和。由于溶液失去碱性，红花甙变得难溶于水。将需要染色的布料放入溶液中，红花甙就会附着在布料上形成颜色。

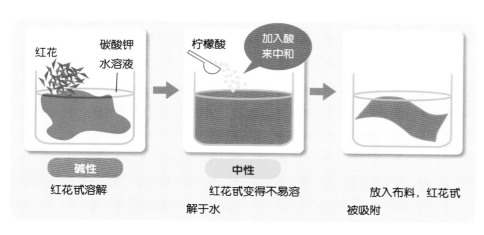

据说过去把草木灰作为碱、梅子醋作为酸来中和进行染色。

靛蓝染

靛蓝染使用的植物中含有叫作"靛"的蓝色染料。化学上使用一种叫作"靛蓝"的色素成分进行染色。由于靛蓝不溶于水，首先利用细菌使其变为溶于水的无色物质，这种物质被称为"靛白"（还原）。靛白溶于水中被纤维吸附之后与氧气接触，就会再次变成蓝色的靛蓝（氧化）。

日本以靛染、美国以牛仔染色而闻名。这是长久以来世界各地都在使用的染色方法。

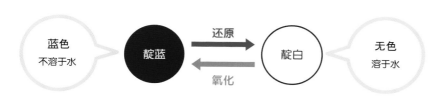

提炼金属

自然界的金属大多以氧化状态的矿石形式存在，从矿石当中提炼出金属需要利用化学变化。

铁

铁在自然界中以赤铁矿等氧化铁的状态存在，并作为铁矿石被开采。炼铁需要将铁矿石在高炉（如下图所示）中还原。将焦炭与铁矿石同时烘烤之后放入高炉，下面通上热风。焦炭的主要成分是碳，加热之后生成一氧化碳。铁矿石中所含的氧化铁被焦炭以及焦炭加热产生的一氧化碳夺走氧，从而被还原。氧化铁还原之后成为铁，从高炉下方流出。这就是高炉的炼铁原理。

化学方程式

氧化铁（赤铁矿）的还原

氧化铁		一氧化碳		铁		二氧化碳
Fe_2O_3	+	$3CO$	→	$2Fe$	+	$3CO_2$

此时从高炉流出的铁叫作生铁，含有较多的碳元素等不纯物质。由于生铁缺少韧性且脆，需要在别处将生铁通入氧气，尽量去除不纯物质，使其成为具有韧性的钢。

含碳量多的铁叫作"生铁"，含碳量少的铁叫作"钢"，含碳量更少的铁才被称为真正的"铁"。

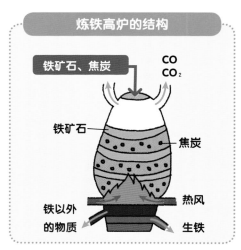

炼铁高炉的结构

铁矿石、焦炭

CO
CO₂

铁矿石

焦炭

热风

铁以外的物质

生铁

铝

三水铝石、铝土石等许多矿物当中都含有铝，从矾土这种矿石中也能提炼出铝。

首先，从矾土中提炼出氧化铝。然后，去除氧化铝中的氧（还原），由于氧化铝当中铝与氧结合得十分紧密，不易还原。因此，通过加入冰晶石来降低氧化铝的熔点※，使其在1000度左右熔化，熔化后的液体通过电解进行还原，从而提炼出铝。

矾土

※ 熔点指的是固体熔化成液体的温度。

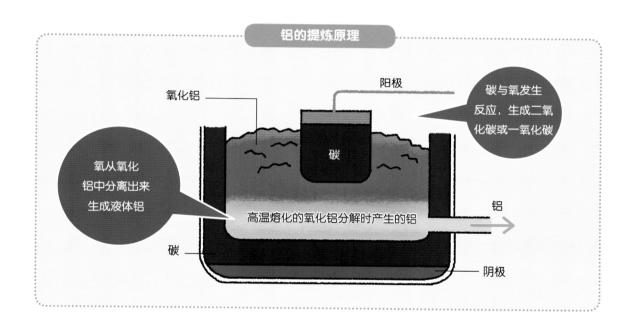

铝的提炼原理

氧化铝

阳极

碳与氧发生反应，生成二氧化碳或一氧化碳

碳

氧从氧化铝中分离出来生成液体铝

高温熔化的氧化铝分解时产生的铝

铝

碳

阴极

从矾土中提取铝需要耗费大量电力，因此，铝罐的回收利用有利于能源节约。

氧化铝不易还原，且熔点高，难以发生变化，被认为是一种稳定的物质。

美 发

在美发店可以染发，也可以烫发，这些都是利用了化学变化。头发有3层构造，染发和烫发让头发的一部分发生了化学变化。

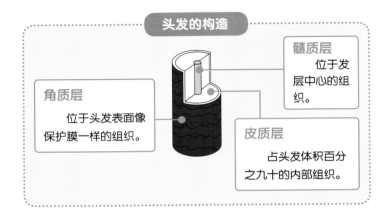

头发的构造

髓质层
位于发层中心的组织。

角质层
位于头发表面像保护膜一样的组织。

皮质层
占头发体积百分之九十的内部组织。

烫发

头发中央的皮质层含有蛋白质,其中含量最多的氨基酸(即胱氨酸)发生化学变化，头发就会弯曲。胱氨酸由胱氨酸纤维组成，这种纤维能够进行分离或组合。

大多数烫发是通过一号烫发药剂和二号烫发药剂组合完成的。一号药剂用来分离胱氨酸纤维，在确定卷发或直发后用二号药剂使胱氨酸纤维重新组合，从而改变发型。

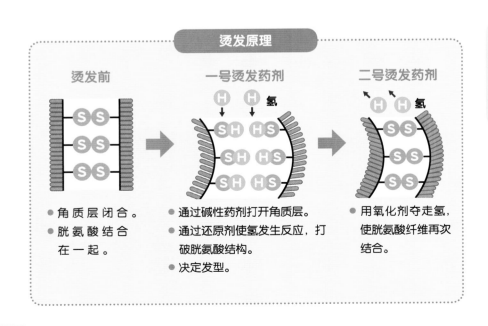

烫发原理

烫发前
- 角质层闭合。
- 胱氨酸结合在一起。

一号烫发药剂
- 通过碱性药剂打开角质层。
- 通过还原剂使氢发生反应，打破胱氨酸结构。
- 决定发型。

二号烫发药剂
- 用氧化剂夺走氢，使胱氨酸纤维再次结合。

美发师是在充分考虑到化学反应的基础上进行烫发的，不光是分离胱氨酸纤维哦。

染发

染发也是利用了化学变化。染发有两种方法，一种是只染头发表面，另一种是将颜色固定在头发上。将颜色固定的染发方法利用的是以下化学变化。

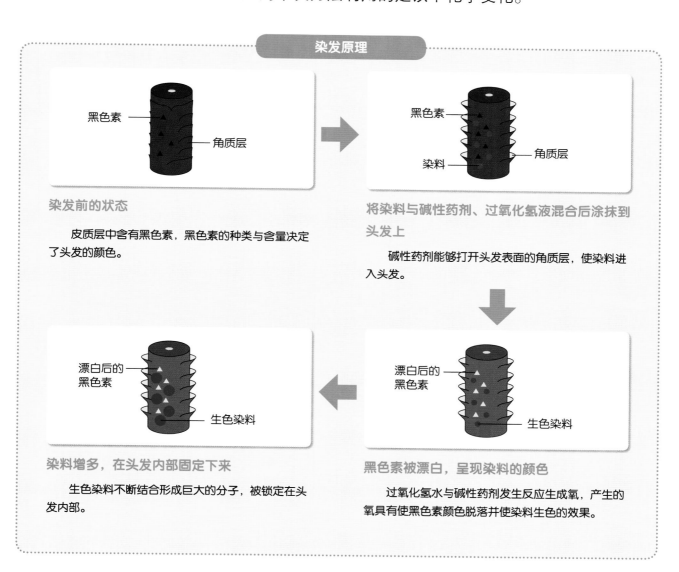

染发原理

染发前的状态

皮质层中含有黑色素，黑色素的种类与含量决定了头发的颜色。

将染料与碱性药剂、过氧化氢液混合后涂抹到头发上

碱性药剂能够打开头发表面的角质层，使染料进入头发。

黑色素被漂白，呈现染料的颜色

过氧化氢水与碱性药剂发生反应生成氧，产生的氧具有使黑色素颜色脱落并使染料生色的效果。

染料增多，在头发内部固定下来

生色染料不断结合形成巨大的分子，被锁定在头发内部。

进入头发内部将黑色素漂白的方法虽然容易固定颜色，但是由于头发表面的角质层开放会造成头发的损伤。不打开角质层只在头发表面发生反应的染色方法虽然对头发的损伤小，但是颜色渗透不到头发内部，容易脱落。

用胶卷相机拍照的时候，不管是用胶卷记录风景、人物，还是把影像从胶卷晒印到纸（相纸）上，都需要利用化学变化。

黑白胶卷相片

相机的胶卷使用了溴化银和氯化银，这两种物质具有见光分解生成银的性质。特别是溴化银的这一性质比较强，遇到光就会分解成银和溴，因此经常用于相机的胶卷中。从相机拍摄到形成纸质相片，其中发生了以下①~③的化学变化。

①通过相机镜头进入的光线在胶卷上形成影像。接触光的溴化银分解成银和溴。接触的光越多，生成的银就越多。触光少的部分溴化银不发生变化。溴化银分解时产生的银使胶卷上留下了被摄事物的影像。

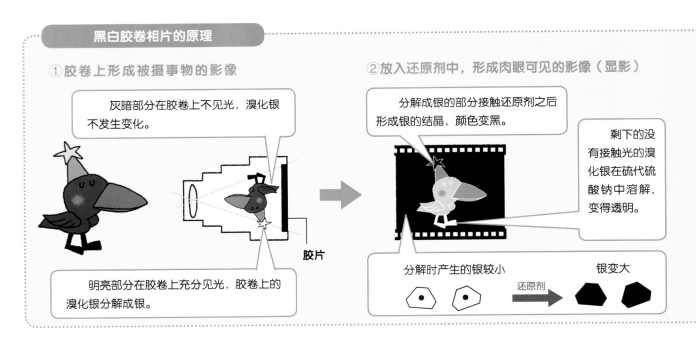

黑白胶卷相片的原理

①胶卷上形成被摄事物的影像

灰暗部分在胶卷上不见光，溴化银不发生变化。

明亮部分在胶卷上充分见光，胶卷上的溴化银分解成银。

胶片

②放入还原剂中，形成肉眼可见的影像（显影）

分解成银的部分接触还原剂之后形成银的结晶，颜色变黑。

剩下的没有接触光的溴化银在硫代硫酸钠中溶解，变得透明。

分解时产生的银较小　还原剂　银变大

②将胶卷上看不见的影像变成肉眼可见的黑白影像（显影）。胶卷放入还原剂中，通过光的作用，溴化银分解成银的部分成为大的结晶分子银，颜色变黑。

使用还原剂之后，再加入硫代硫酸钠，由于未触光而保留下来的溴化银溶解。水洗干燥后，触光的部分变黑，未触光的部分变透明。胶卷与实物的明暗相反，实物明亮的部分变黑，实物灰暗的部分变白，这种状态叫作底片。

③将影像拷贝到相纸上。透过底片将涂有溴化银的纸张（相纸）与光线接触，与相机中胶卷发生的变化相同，相纸上的溴化银分解。与②同样的方式洗掉溴化银之后，相纸上就会显出影像，这就是我们平时见到的相片。

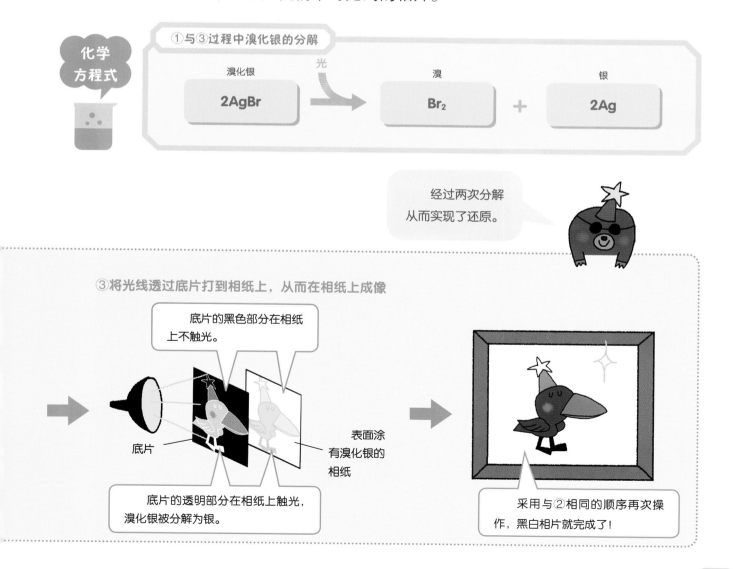

化学方程式

①与③过程中溴化银的分解

溴化银	光	溴		银
2AgBr	→	**Br₂**	+	**2Ag**

经过两次分解从而实现了还原。

③将光线透过底片打到相纸上，从而在相纸上成像

底片的黑色部分在相纸上不触光。

底片

表面涂有溴化银的相纸

底片的透明部分在相纸上触光，溴化银被分解为银。

采用与②相同的顺序再次操作，黑白相片就完成了！

发 酵

酒精饮料、味噌、酱油、咸菜、酸奶等发酵食品都是物质在微生物作用下发生化学变化的产物。变化后产生的物质，对人有益的称为"发酵"，对人无益的则叫作"腐败"。

 葡萄酒

葡萄酒是葡萄经过发酵制成的，发酵时使用了酵母这种微生物。酵母以糖（葡萄糖）为食，通过将摄入的糖转变成乙醇和二氧化碳来实现自身的分裂、生长。

生成的乙醇是葡萄酒等酒精饮料的主要成分。酵母附着在葡萄皮上，而葡萄皮又富含糖分，是最适合发酵的水果。将葡萄捣碎成葡萄汁来保存就可以发酵，从而形成葡萄酒※。

※注：在日本，基于不同的目的和条件，若没有相关许可，是禁止酿酒的。

化学方程式

酵母对糖的分解作用

葡萄糖		乙醇		二氧化碳
$C_6H_{12}O_6$	→	$2C_2H_5OH$	+	$2CO_2$

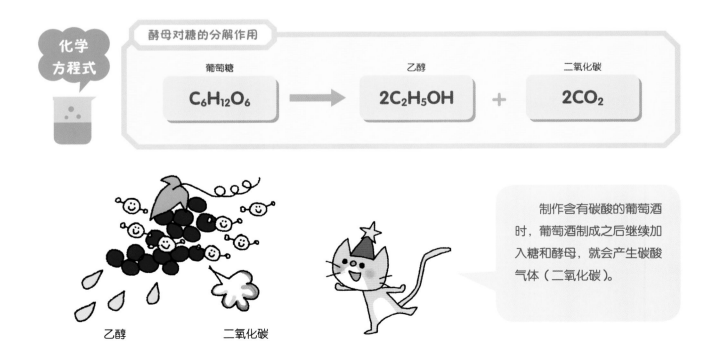

乙醇　　　　　二氧化碳

制作含有碳酸的葡萄酒时，葡萄酒制成之后继续加入糖和酵母，就会产生碳酸气体（二氧化碳）。

酸奶

　　酸奶是鲜奶经过乳酸菌发酵制成的。乳酸菌能够把糖分解成乳酸释放出来，鲜奶中含有的酪蛋白这种蛋白质具有遇酸凝固的性质。因此，酪蛋白在乳酸的作用下凝固形成了酸奶。使用乳酸菌进行的发酵叫作乳酸发酵。

酸奶的原理

乳酸菌

分解
糖 → 乳酸
＋ 凝固
酪蛋白

化学
方程式

乳酸菌对糖的分解作用

葡萄糖 　　　　　　　　　　　乳酸

$$C_6H_{12}O_6 \longrightarrow 2CH_3CH(OH)COOH$$

发酵食品

　　食品经过发酵可以变得更加香甜，还能增加营养成分，延长保质期。发酵使用的微生物除了酵母、乳酸之外，还有醋酸菌、曲霉、纳豆菌等，也有同时使用多种微生物的发酵。

酵母	乳酸菌	醋酸菌	米曲菌	纳豆菌

培育植物

植物以水和二氧化碳为原料，利用光能合成淀粉进行生长发育。然而，只靠水和二氧化碳是无法生长的。植物生长还需要氮、磷、钾等元素。

 ## 肥料三要素

氮、磷、钾是植物生长所需肥料的三要素。氮元素是帮助植物长大的养分，尤其具有增大叶片的作用；磷元素对植物结果产生影响；钾元素具有促进根部发育的功能。

通常情况下，植物从土壤中吸收这些养分，然而在人口增长，需要有计划地生产作物的当下，只靠土壤中所含的养分是不够的，需要人工制造化学肥料来促进植物生长。

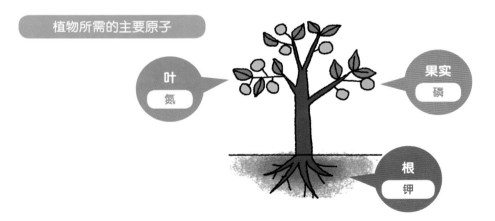

植物所需的主要原子

叶　氮

果实　磷

根　钾

植物的生长虽然也离不开碳、氧、氢等元素，但是这些物质从空气、水当中就可以获取，没有必要人为补充。

氨

氨是植物所需氮肥的原料。过去我们把粪尿作为肥料，现在可以通过将氮与氢直接反应来合成氨。这种方法是 1913 年由两个德国人弗里茨·哈柏（Fritz Haber）和卡尔·博施（Carl Bosch）发明的，所以被称为哈柏法。虽然这种方法需要在 400 ~ 600 摄氏度的高温以及 200 ~ 1000 帕的压力下进行，但是，实现人工合成氮肥原料的氨使农作物的产量有了飞跃性的提高。

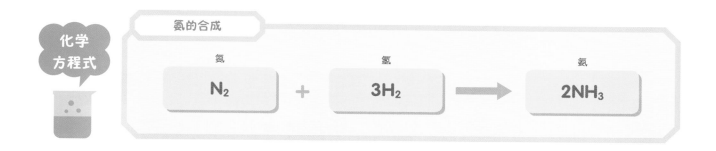

化学方程式

氨的合成

氮		氢		氨
N_2	+	$3H_2$	→	$2NH_3$

绣球花的颜色

绣球花有红、绿、紫、蓝等多种颜色。虽然种类不同、颜色不一，但是花色都受到花色苷这种色素性质的影响。花色苷在酸性土壤中变蓝，在碱性土壤中变红。在酸性环境下，土壤中的铝溶解后被根部吸收与色素发生反应呈现蓝色。在碱性土壤中，铝则不会溶解从而呈现红色。由于日本的土壤多为酸性土壤，因此自古以来日本的绣球花都是蓝色的。欧洲多为碱性土壤，因此多育有红色的绣球花。

制 造 纤 维

在过去，制作衣服的材料一般是从植物中获取的纤维或是动物的皮毛，现在广泛使用的纤维是通过化学方式从石油中提炼出来的。

合成纤维

以石油为原料通过化学方式制成的纤维叫作合成纤维；从木材中提取的纸浆经过化学处理，得到了称为再生纤维的人造纤维；以球根为主要原料，与醋酸发生反应制成的醋酸纤维叫作半合成纤维。这些纤维在一起统称为化学纤维。

石油作为合成纤维的原料，是一种以碳氢化合物为主要成分的混合物，按照工业用途分为粗汽油、煤油、轻油、重油、沥青等。聚酯纤维是合成纤维的一种，是由聚对苯二甲酸乙二醇（PET）制成的，而 PET 的原料正是粗汽油中所含的二甲苯和乙烯。

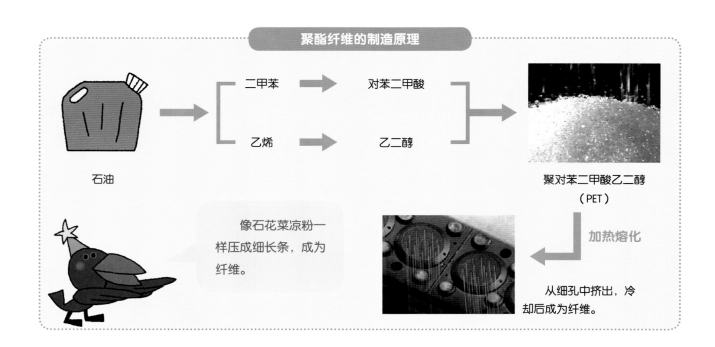

聚酯纤维的制造原理

石油 → 二甲苯 → 对苯二甲酸

乙烯 → 乙二醇

→ 聚对苯二甲酸乙二醇（PET）

像石花菜凉粉一样压成细长条，成为纤维。

加热熔化

从细孔中挤出，冷却后成为纤维。

塑料与聚酯

当作纤维来使用的聚酯与制造塑料瓶等的塑料都是由PET这种分子组成的。然而，两者的性质却有所不同。纤维具有耐拉伸，加热后变软，温度升高的性质。这是由于分子集合的构造不同。塑料瓶的分子只是松散地汇聚在一起，纤维分子却是在同一方向上有规律地排列。因此，不管是拉伸还是加热，都无法轻易破坏纤维分子之间的结合。

由于分子相同，所以塑料瓶回收之后可以用来做衣服哦。

5个500毫升的塑料瓶就能做一件衬衫哦。

进化中的纤维

自从合成纤维问世，纤维一直在不断地进化。尼龙作为更强韧的合成纤维被发明出来，广泛应用在服装、钓鱼线、安全气囊等各种产品中，现在，比尼龙还要强韧的纤维也被开发出来，应用在安全防护服等当中。另外，即使不熨烫也能恢复原状的形状记忆T恤、消除汗臭的防臭T恤等，像这样满足各种需求的商品不断被开发出来。

化学变化在自然界中随处可见。分子的变化大多是人类肉眼看不到的，动物、植物等地球上所有物质都在发生变化，原子在不断的循环中运动。

原 子 的 循 环

地球上的原子存在于空气以及动物的身体、植物、海洋和大地中，以不断循环的方式在地球上持续存在，在这期间，原子不断重复进行着化学变化。

光合作用

植物利用空气中二氧化碳所含的碳元素，在叶绿体中制造成长所需的营养成分。植物利用光能，将二氧化碳和水转化成葡萄糖、淀粉、氧气的过程叫作光合作用。

化学方程式

光合作用

二氧化碳		水	光能	葡萄糖		氧气		水
$6CO_2$	+	$12H_2O$	→	$C_6H_{12}O_6$	+	$6O_2$	+	$6H_2O$

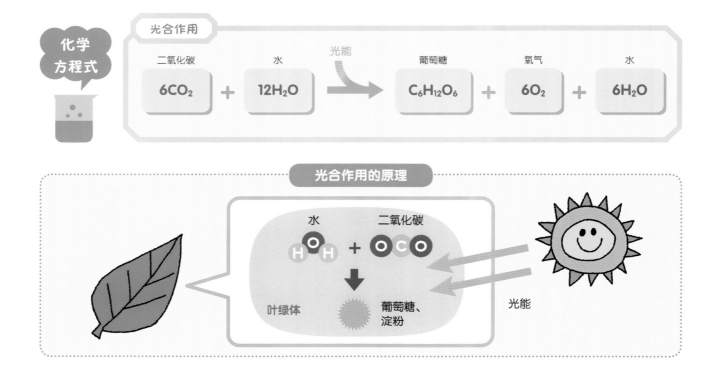

光合作用的原理

水　　二氧化碳

H O H ＋ O C O

叶绿体　　葡萄糖、淀粉

光能

呼吸

　　动物和植物时刻在进行着呼吸，吸入氧气、呼出二氧化碳，空气中的氧气与营养成分发生反应，制造活动所需的能量。呼吸是与植物光合作用相反的变化。

化学方程式

呼吸

葡萄糖	氧气	水	能量	二氧化碳	水
$C_6H_{12}O_6$ +	$6O_2$ +	$6H_2O$ →		$6CO_2$ +	$12H_2O$

植物既发生光合作用，也进行呼吸。

可以认为光能变成了植物活动所需的能量。

碳的循环

　　除了光合作用跟呼吸之外，通过动植物的分解、燃烧等将碳释放到空气、大地中，在地球上循环。作为环境问题备受关注的二氧化碳增加就是由于这种平衡被打破的缘故。

光合作用　呼吸　呼吸　燃烧

分解保存　分解　放出　吸收

溶解

化学变化会使地形发生改变，其中之一就是钟乳洞。钟乳洞是在分子这种微观世界发生的变化，经过数千年乃至数亿年的长期积累从而形成的巨大变化。

钟乳洞

钟乳洞是经过地壳运动或化学变化，在漫长的时间里形成的。

岩石被凿出大孔从而形成洞穴。这究竟是如何做到的呢？

钟乳洞是在石灰岩土地上形成的。石灰岩是碳酸钙形成的岩石。很久以前，珊瑚等含有碳酸钙的生物在海里堆积，在地壳运动过程中隆起从而形成石灰岩土地。

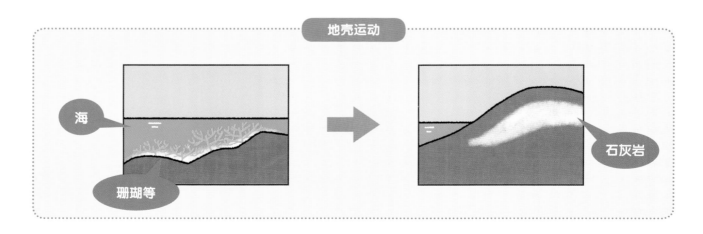

地壳运动

海

珊瑚等

石灰岩

二氧化碳溶解在雨水中使之呈酸性。酸雨降落到石灰岩土地上，与石灰岩的主要成分碳酸钙发生反应，形成碳酸氢钙。碳酸氢钙是水溶性的，因此溶解在水中随之发生流动。

土壤中含有空气，空气中的细菌分解有机物时释放出大量的二氧化碳，因此渗透到土壤中的雨水酸性增强，更容易将石灰岩溶解。而且，随着石灰岩溶解形成的孔洞慢慢变大，水的流动加快，砂石随之一起流动，砂石的加入更加快了孔洞的扩大。

在形成大的空洞状态下，如果发生地壳运动、土地更加隆起的话，地下水经过的地方就会形成洞窟。当溶解了碳酸氢钙的水从石灰岩渗透到洞窟内时，由于失去了岩石的压力从而释放出二氧化碳，变成碳酸氢钙堆积起来，因此钟乳洞中会出现像冰柱一样的岩石。

化学方程式

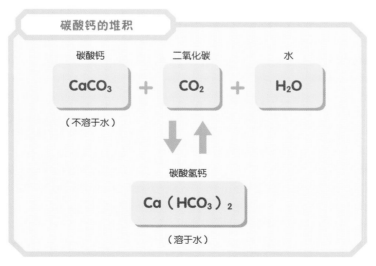

碳酸钙的堆积

碳酸钙	二氧化碳	水
$CaCO_3$	CO_2	H_2O
（不溶于水）		

碳酸氢钙

$Ca(HCO_3)_2$

（溶于水）

这是地壳运动与化学变化形成的地形。据说世界上有长达几十万米的钟乳洞。

生物发光

为了躲避天敌、繁衍后代，生物具备各种各样的能力，其中就有利用化学变化来发光的生物，比如萤火虫。

 萤火虫

发光器
雌性　　　雄性

萤火虫有许多种类，并不是所有的萤火虫都发光。日本的萤火虫当中，源氏萤和平家萤等属于发光的类型，特别是源氏萤发光大而亮。萤火虫发光是为了求偶，也有说法是受到刺激后通过发光来恐吓敌人。

那么，萤火虫究竟是如何发光的？萤火虫在靠近尾部的地方有发光器，其中含有叫作荧光素的发光物质以及荧光素酶这种帮助发光的物质，这些物质与萤火虫体内的氧发生反应从而发光。

化学变化当中，既有像燃烧一样释放热量的发光，也有像萤火虫一样不放热的发光。荧光素与氧发生反应释放出二氧化碳之后，就变成了含有高能量的状态。然而，物质当中既有能量处于稳定状态的，也有将所含的过高能量作为光能释放出来的情况。萤火虫就是利用了后者的原理来发光。

希望萤火虫发光的时候，可以试着对它轻轻地吹气。萤火虫会因这一刺激而发光哦。大多数萤火虫发出的是黄绿色的光，也有的萤火虫发出黄色或者橘黄色的光。

据说东日本的源氏萤每4秒发一次光，而西日本的源氏萤每2秒发一次光。地域不同，萤火虫的发光频率也不同，就像不同地方说不同的方言一样。

萤乌贼

运用与萤火虫同样的原理进行发光的还有萤乌贼和海萤。萤乌贼利用腹部的发光器发出的光亮使其在阳光照射下海水中产生的影子消失，而触角上的发光器则可以布下陷阱来保护自己。

萤乌贼

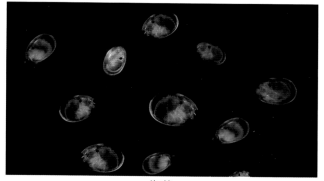
海萤

海萤的发光物质叫作海萤荧光素和海萤荧光素酶，这跟萤火虫是不一样的。

荧光棒

"荧光棒"是一种只发光不发热的物质。跟萤火虫发光一样，荧光棒将含有的过多能量以光的形式释放出来，进行照明。将其弯折后开始发光，用于祭典、演唱会以及发生灾害时。弯折后发光是因为打碎了其中间含有液体的容器，致使分开放置的过氧化苯甲酰和氧化氢混合，发生化学反应从而发光。

日本中小学及公共图书馆童书推荐书目

发掘科学的不可思议

迈开探索的第一步

大到浩瀚宇宙，小到原子世界，其中蕴含的科学奥秘犹如满天繁星，数不胜数。"了不起的……"系列丛书归纳有趣的主题，普及全方位的科普知识，发掘隐藏在事物背后的种种不可思议，是一套适合亲子阅读的探索学习书，更是一套适合小学生自主阅读的学科启蒙书。

了不起的……

《了不起的太空技术》

火箭、宇宙飞船、航天飞机……太空技术的发展日新月异，这些技术与我们的生活也息息相关哦！

作者：山崎直子
译者：王永东
书号：978-7-5337-7227-7
定价：45.00

《了不起的尾巴》

为什么熊的尾巴那么短，豹子的尾巴却那么长？你想过这其中的原因吗？

作者：今泉忠明
译者：王永东 黄周
书号：978-7-5337-7223-9
定价：45.00

《了不起的化学变化》

化学给我们的生活带来了数也数不清的改变，你能举出一些例子吗？

作者：小森荣治
译者：李文欢
书号：978-7-5337-7225-3
定价：45.00

《了不起的声音》

声音看不见也摸不着，它究竟从哪里来，又到哪里去呢？

作者：户井武司
译者：王志壮
书号：978-7-5337-7224-6
定价：45.00

《了不起的大脑》

为什么我们把大脑称为"人体的指挥官"，它真的有这么厉害吗？

作者：川岛隆太
译者：李文欢
书号：978-7-5337-7226-0
定价：45.00

《了不起的骨头》

骨头保护着我们的器官，使我们能自由自在地奔跑，关于它的秘密可不少哦！

作者：坂井建雄
译者：王志壮
书号：978-7-5337-7222-2
定价：45.00

灭火

萤火虫会发光

瞬间黏合剂

种树

入浴剂

光合作用

木炭燃烧

热蛋糕会膨胀

发酵

一次性的
暖宝宝

黑白照片
的底片

胃药

冷却袋

危险的混合

烫发